g GOLLENSTEIN

Meine Füchse

Hartmann Jenal

Meine Füchse

g GOLLENSTEIN

Inhalt

Mein Weg zu den Füchsen

Was den Umgang mit Wildtieren betrifft, habe ich immer den Merziger Wolfsverhaltensforscher Werner Freund bewundert. Wo es für mich gilt, Abstand zu wahren und Vorsicht walten zu lassen, hat er das nötige Gespür, den Wildtieren mit Respekt und Würde ganz nahe zu kommen.

Zur Veranschaulichung möchte ich hier eine Begegnung in einem Gehege von Berberaffen schildern. Dort lebte ein Affe, der früher einem Drehorgelspieler gehört hatte. Das Tier strotzte nur so vor Kraft und verteidigte seinen Harem bis auf die Zähne. Eines Tages hatte Werner die glorreiche Idee, ich solle Fotos von den Berberaffen schießen. Ich wusste, dass das Berberaffen-Männchen einmal seiner „Patin", einer örtlichen Politikerin, auf den Kopf gesprungen war und ihr dabei ein Büschel Haare ausgerissen hatte. Meinen Bedenken wurde jedoch kein Gehör geschenkt. Natürlich entfernte ich mich nie weit vom Ausgang und hätte im Falle einer Eskalation auch schnell die rettende Tür erreicht. Aber nachdem ich Werner Freund bedenkenlos ins Gehege gefolgt war, überkam mich doch ein mulmiges Gefühl angesichts des Rudel-Königs, der auf uns zusprang. Ich solle ihm nicht in die Augen sehen, so Werners Ratschlag, denn das hätten die Affen nicht so gerne. Nur, wie sollte ich den Affen denn beobachten, ohne ihn dabei anzuschauen? Das Tier zeigte seine starken Zähne und ich wusste nicht, ob er lachte oder drohte. Werner setzte sich unbekümmert auf einen Baumstumpf und aß in aller Ruhe Haselnüsse, ehe sich der Affe zu ihm gesellte und sich aus Werners oberer Hemdtasche mit Nüssen bediente. Dabei sah er immer wieder zu mir herüber. Da es ihm anscheinend nicht behagte, dass ich ihn unablässig durch die Kamera beobachtete, zeigte er mir hin und wieder seine scharfen, langen Zähne. Ich machte indes meine Aufnahmen, immer bereit, bei einem Angriff des Tieres das Areal fluchtartig zu verlassen. Werner sah den Affen während der gesamten Begegnung nicht an. Das Ganze endete friedlich, als sich der Mittelpunkt unseres Interesses satt zu seinem Harem zurückzog.

Auch wenn ich teilweise einen anderen Ansatz im Umgang mit Tieren verfolge, so habe ich durch Werner Freund doch einen tiefen Einblick in das Leben von Wildtieren erhalten, geprägt von Respekt und dem Wunsch, ihnen ihre Umwelt und ihre Freiheit zu erhalten.

Ein besonderes Erlebnis hat mein Bestreben, es Werner Freund gleich zu tun, geweckt: Beim Besuch eines Wolfs- und Fuchsjägers in Kirgisistan nahe der Grenze zu China sah ich zum ersten Mal einen Steppenfuchs, der sich in dem kargen Gelände auf über 3000 Metern Höhe unbeobachtet fühlte. Ich kauerte hinter einem Stein und konnte sein dickes, wuscheliges Fell bewundern. Der kleine Kopf und die kurzen Ohren fielen mir auf. Das Tier war beim Stöbern nach Beute ganz mit sich selbst beschäftigt. Als der Steppenfuchs dann nach oben sah und der Wind durch sein prächtiges dickes Fell wehte, war ich wie gefangen von der beeindruckenden Erscheinung dieses Tieres und dem Gefühl von Freiheit, das es ausstrahlte.

Bei diesem Anblick wurde mir unwillkürlich die große Diskrepanz zwischen meiner Empfindung und der traurigen Realität bewusst. Denn der Fuchs hat in unserer Gesellschaft keinen leichten Stand. Man sagt ihm nach, er sei Überträger von gefährlichen Parasiten. Viele seiner Artgenossen leben in kleinen Drahtkäfigen und warten dort auf den Tod – denn das Fuchsfell ist in der Pelzindustrie begehrt. Und es wird Jagd auf den kleinen Wildhund gemacht, jährlich sterben dadurch allein in Deutschland hunderttausende Füchse.

Diese beeindruckende Begegnung mit dem Steppenfuchs hat mich nachhaltig geprägt und ich beschloss, das überwiegend negative und in meinen Augen gänzlich falsche Bild der Füchse, das in vielen Köpfen besteht, zu korrigieren und die Bevölkerung über das Leben der schlauen und sozialen Tiere aufzuklären. Gleichzeitig begann ich, der hier heimischen Fuchsart, dem Rotfuchs, aktiv zu helfen. Die Tiere, die durch Menschenhand am unbekümmerten Leben gehindert worden waren, wollte ich unterstützen, damit sie ihren Platz in der Natur dennoch finden.

Vor gut 15 Jahren zog ich so den ersten elternlosen Fuchswelpen groß. Im Laufe der Jahre nahm die Zahl meiner Schützlinge immer mehr zu, bis zu 15 Tiere gleichzeitig hatte ich zu versorgen. Dabei halfen mir viele Familien: Sie zogen die Kleinen auf und brachten die Füchse später wieder zu mir, damit ich sie an das Leben in der Wildnis gewöhnen konnte. Auch einzelne ausgewachsene Tiere habe ich auf ihre Rückführung vorbereitet. Sie kamen aus schlechter Haltung, von Schliefanlagen (dort werden Teckel und Terrier von Jägern an lebenden Füchsen ausgebildet) oder Tierparks, die der Füchse überdrüssig waren. Im Saarland fehlte zu dieser Zeit eine offizielle Unterkunft für Not leidende Wildtiere wie zum Beispiel Füchse.

Deswegen richtete ich mir vor etwa sechs Jahren ein kleines Holzhaus als Quarantänestation ein. Dieses Vorhaben bescherte mir in den kommenden Jahren jede Menge Ärger und Schwierigkeiten, obwohl ich die Behörden über mein Vorhaben informiert hatte. Durch meine Arbeit geriet ich an die Grenzen der Legalität, ich wurde angefeindet. Das alles zehrte. Doch die vielen schönen Erlebnisse mit den Tieren bestärkten mich immer wieder darin, meinen Weg zur Unterstützung der schützenswerten Pelzknäuel weiter zu gehen.

Nie vergessen werde ich zum Beispiel meine Zeit mit Felix und Prixie, zwei ganz besonderen Fuchswelpen. Felix, ein kleiner Rüde, war gerettet worden, als er im Begriff war, die Autobahn zu überqueren. Prixie brachte mir eine Tierärztin: Ein Mädchen hatte die Kleine gefunden. Die Entwicklung von Felix und Prixie verlief nicht anders als bei den anderen Füchsen. Allerdings standen mir diese beiden Tiere besonders nah. Unser Miteinander war geprägt von großem Respekt und Zuneigung füreinander. Umso schwerer fiel mir, das zu tun, was ich anderen immer predige: Die Tiere freizugeben, um sie in eine ungewisse Zukunft zu entlassen.

Felix war circa zwei Wochen älter als Prixie. Als ich beide zusammenbringen wollte, merkte ich, dass Prixie, die gerade drei Wochen alt war, noch keine Chance beim Spielen mit Felix hatte. Dieser stürzte sich voller Freude auf sie, hielt sie im Fang und begann, genüsslich an ihr herumzuknabbern. Er schüttelte sie, sprang wie ein Verrückter vor ihr hin und her. Immer wieder unterbrach ich sein Spiel und ermahnte ihn, doch vorsichtiger mit dem kleinen Fuchsmädchen umzugehen. Er hätte sie vielleicht ohne böse Absicht „totgespielt", wenn Prixie in diesem Alter ständig bei ihm geblieben wäre. So brachte ich die beiden nur drei Mal am Tag unter Aufsicht zusammen, bis Prixie stark genug war, sich gegen die spielerischen Angriffe von Felix zur Wehr zu setzen. Dann kam der Umzug in ein größeres Gehege und die beiden hatten genügend Platz, einander auszuweichen und sich zu verstecken.

Bei der Fütterung gebärdete sich Felix wie ein Wilder. Nicht nur, dass er schrie wie verrückt, wenn er mich kommen sah. Er kletterte auch am Zaun hoch, urinierte sogar vor Freude. Und wenn ich ins Gehege kam, sprang er hoch und biss immer wieder zu, so dass er des Öfteren meine Hand traf und ich den Futtertopf fallen ließ. Doch das war den Rackern letztlich egal. Hauptsache, es gab etwas zu fressen! Als Felix circa vier Monate alt war, fragte ein Paar an, ob ich auch ihren von Hand aufgezogenen Dachs Schnuddel in meine Obhut nehmen könne. Der Dachs wurde im Gehege neben den Füchsen Felix und Prixie einquartiert. Dafür mussten wir das Fuchsgehege durchqueren. Felix und Prixie suchten sofort in ihrem Bau Zuflucht, während die „Dachseltern" ihren Schnuddel ins Holzhaus brachten. Felix ahnte, roch und sah etwas, das auf ihn wohl einen unheimlichen, Angst einflößenden Eindruck gemacht haben muss, denn er war nicht zu beruhigen. Ununterbrochen hechtete er am Zaun hoch und runter, ehe er einen mächtigen Anlauf nahm, einen Baum hoch raste und über die Absperrung sprang. Weg war er! Ich war stinksauer, denn so hatte ich mir den Abschied von Felix wahrhaftig nicht vorgestellt. Ich eilte dem kleinen Fuchs sofort

hinterher, um ihn zurückzuholen. Er war total verstört, er wusste nicht, was ihm geschah. Er war allein im Wald, wusste nicht, wohin. Ich rief nach ihm. Er kam ein paar Mal bis auf einen Meter zu mir heran und lief dann wieder weg. Das Problem ist: Wenn Füchse ein entsprechendes Alter erreicht haben, lassen sie sich ungern auf den Arm nehmen. Und Felix war in dieser Phase. Ich stand also vor ihm, ohne Fangnetz oder Ähnliches. Eine gute Viertelstunde ging dieses Zu- und Abwenden so hin und her, bis Felix endgültig im Dickicht verschwand. Ich musste es akzeptieren, dass mein Zögling versuchte, sich von nun an allein durchzuschlagen. Das war für mich äußerst schmerzlich!
Doch dann hatte ich noch ein schönes Erlebnis mit meinem Ausreißer: Als ich am nächsten Tag in der Nähe des Geheges wieder nach ihm rief, kam er doch tatsächlich zu mir. Ich hatte ein Stück Fleisch mitgebracht – damit gewinnt man Fuchsfreunde zurück. Felix setzte sich vor mich und nahm das Fressen aus meiner Hand. Dieses Vertrauen, das der Rotfuchs mir gegenüber zeigte, war ein unbeschreibliches Gefühl. Prixie, die allein im Gehege geblieben war, distanzierte sich ebenfalls nach und nach von mir, bis sie mir schließlich zeigte, dass es auch für sie an der Zeit war, in die freie Wildbahn zurückzukehren. Und schweren Herzens ließ ich sie gehen... Auch Dachs Schnuddel ließ ich eines Tages frei, als die Zeit reif dafür war. Er lebt noch heute in unmittelbarer Nähe meines Anwesens.

Ich hoffe für die Füchse Felix und Prixie, Dachs Schnuddel und alle meine bisherigen und künftigen Schützlinge, dass sie noch lange und gut in Freiheit leben können. Dafür werde ich mich weiter stark machen.
Liebe Leserinnen, liebe Leser, ich wünsche Ihnen viel Freude mit diesem Buch.

Überherrn, im April 2009
Hartmann Jenal

Der Rotfuchs

Annäherung an einen Überlebenskünstler

Mal Schurke, mal Held, häufig listig und verschlagen, seltener klug und weise: Der Fuchs – und gemeint ist zumeist der Rotfuchs – gehört zu den berühmtesten Symbolgestalten in vielen Kulturen der Welt. Hierzulande ist er vor allem bekannt durch das Epos von Reineke Fuchs: Ein Fuchs namens Reineke, eigentlich ein Übeltäter, schafft es durch allerlei Listen, sich aus jeder schwierigen Lage zu befreien. Wenn auch fast alle Aussagen über die Vierbeiner in das Reich blühender Phantasien gehören, so kann man dennoch sagen, dass eine Feststellung wirklich zutrifft: Der Fuchs ist ein Überlebenskünstler. Kaum einem anderen Wildtier auf diesem Erdball ist es wie dem Rotfuchs gelungen, in der Erhaltung seiner Art so beständig zu sein. Obwohl die Jagd auf den Fuchs schon im Mittelalter begonnen hat und sich in Mitteleuropa besonders nach dem Ausbruch der Tollwut in den 60er Jahren fortgesetzt hat, also massiver Verfolgung zum Trotz, gehört Reineke immer noch zu den letzten Beutegreifern in unseren Wäldern. Ein cleveres Wesen also, dieser Fuchs. Das sehe ich auch in meiner täglichen Arbeit. Doch bevor ich vom Leben der Füchse und dem Zusammenleben mit ihnen berichten möchte, will ich hier noch einleitend einige Fakten vermitteln.

Im mittleren Europa gibt es nur einen einzigen Vertreter der Füchse, den Rotfuchs. Nicht immer ist sein Fell wirklich rot, seine Färbung kann viele Variationen aufweisen. Es gibt verschiedene Farbschattierungen mit schwarzen Streifen oder auch Kreuzen auf dem Rücken, Grautöne bis hin zu ganz schwarzen Individuen. Manche Rotfüchse haben dunkle Zeichnungen, manche sind besonders hell. Trotzdem, den ganz normalen Rotfuchs erkennt man an seinem roten Fell, mit weißer Zeichnung an Bauch und Brust. Die Pfoten sind schwarz gefärbt, sie sehen aus wie kleine Stiefel.

Neben dem Rotfuchs existieren weitere 21 Unterarten von Füchsen. Am weitesten verbreitet sind der Steppen-, der Wüsten- und der Polarfuchs. Aussehen, Lebens- und Verhaltensweisen dieser drei Arten werden kurz skizziert.

Biologisch gesehen gehören Füchse zur Familie der Hunde (lat. „Canidae"). Sieht man einmal von der recht typischen Hundeschnauze ab, erscheint uns ein Fuchs aber eher katzenähnlich. Die elegante Art, auf leisen Pfoten dahin zu schleichen und der schmale, leichte Körper erinnern nicht sehr an Hunde.
Das hängt mit der Entwicklung der Echten Füchse (lat. „Vulpini") nach ihrer Abspaltung von den anderen Hunden zusammen. Sie besetzten fortan eine ökologische Nische, d.h. sie übernahmen in

der Natur eine Rolle, die eher der einer Katze glich. Füchse spezialisierten sich auf das leise Jagen kleinerer Tiere – ähnlich wie Katzen. Und sie wurden bei der Jagd zu Einzelgängern, statt wie Wölfe im Rudel zu jagen. Es war vorteilhafter für sie, klein, schmal und gewandt wie eine Katze zu sein, als in Konkurrenz zu den Wölfen zu treten. Und da die Zahl der Katzen in Europa nicht sehr groß war, kamen sich Katzen und Füchse nicht sonderlich in die Quere. So wurden katzenähnliche Füchse von der Evolution bevorzugt, man nennt das Selektion. Heutzutage gleichen sich Fuchs und Katze nicht nur im Bewegungsapparat. Füchse putzen sich auch auf die gleiche Art und Weise wie Katzen, jagen Mäuse und tragen die Beute im Fang zu ihren Welpen.
Und Füchse erinnern mich auch in anderer Hinsicht an Katzen: Sind sie einerseits – gerade im Welpenalter – liebevoll und verschmust, können sie doch andererseits bei Bedarf zeigen, wie wild sie sind.

Aus dem Alltag eines Fuchses

Das Liebesspiel zwischen Rüde und Fähe geht recht lautstark vonstatten. Oft schon wandten sich deshalb besorgte Menschen an mich – sie befürchteten aufgrund der Geräuschkulisse ganz Furchtbares. Ganz zu Unrecht! Nach der Begattung folgt die etwa 52 bis 62 Tage lange Tragezeit. Dann werden im Fuchsbau zwischen vier und acht blinde Welpen geboren. Sie sind völlig hilflos.

Der Fuchsbau ähnelt einem Kessel. Mehrere Zugänge sollen im Ernstfall Fluchtmöglichkeiten bieten. Bevorzugt werden Hänge, da hier kein Wasser in den Bau gelangen kann. Häufig werden auch Kaninchen- oder Dachsbauten, die einem Labyrinth ähneln, von Füchsen angenommen. Dann sind die Raubtiere sogar bereit, sich ihre Unterkunft – zumindest mit den Dachsnachbarn – ganz friedlich zu teilen.

Etwa nach zwei Wochen blinzeln die Kleinen durch ihre Augenschlitze. Mit drei Wochen kommen die Welpen zum ersten Mal aus dem Bau und erkunden die nahe Umgebung. Während die Mutter nach Beute sucht, spielen ihre Kinder unbekümmert vor dem Bau. In dieser Zeit droht ihnen Gefahr aus der Luft – von Greifvögeln und Uhus. Auch die natürlichen Feinde am Boden, Luchs und Wolf, werden wieder zahlreicher. Bis dato scheint es allerdings so zu sein, dass es keinen gefährlicheren Feind für den Fuchs gibt als den Menschen. Sobald das Wachstum der Zähne beginnt (nach etwa drei bis vier Wochen), bringt das Muttertier „richtige“ Beute wie Mäuse, Hühner oder Kaninchen- und Katzenkadaver zu ihrem Nachwuchs.

Generell ist zur Ernährung der Füchse zu sagen: Obwohl Füchse systematisch den Fleischfressern (lat. „Carnivoren“) zugeordnet werden, sind sie im eigentlichen Sinne Allesfresser. Ihre Hauptnahrung besteht aus kleinen Nagern, Mäusen, Ratten, Regenwürmern und den Gelegen am Boden brütender Vögel. Füchse fressen aber auch Pflanzenteile, reife Beeren, Früchte, Insekten. Und vor allem eines: Aas. Besonders in der Stadt greift der Fuchs auf alle Arten von Abfall und auf die Überreste überfahrener Tiere zurück. Deshalb legen Fähen auch oft einen Bau in der Nähe von Straßen und Autobahnen an. Die Gefahren, die dadurch erwachsen, erkennen sie nicht.

Zurück aber zu den Fuchsjungen: Mit fünf Wochen sind die Kleinen schon viel unternehmungslustiger und ziehen weite Kreise um ihre Behausung. Lauert Gefahr, werden sie vom Mutter- oder Vatertier durch eine bestimmte Tonfolge gewarnt und alle huschen in den Bau. Den Umgang mit Gefahren vermitteln beide Elterntiere ihrem Nachwuchs schon sehr früh. Füchse kommunizieren generell über eine Vielzahl von Lauten, wie kurzem Bellen, Keckern, Knurren und Winseln in den unterschiedlichsten Tönen und Lautstärken. Viele dieser Laute haben eine bestimmte Funktion. Mit dem „Ranzbellen“ beispielsweise hält ein Fuchspaar über größere Distanz Kontakt. Bei Gefahr, ähnlich wie beim Rufen der Welpen, stoßen die Eltern einen unterdrückten, dumpfen Laut aus. Die aggressivste Äußerung von Füchsen ist der Warnschrei, ein helles, lang gezogenes Bellen, mit dem andere Füchse auf Bedrohungen aufmerksam gemacht werden. Sucht ein Welpe nach der Mutter, so „trullert“ er, d.h. er gibt einen speziellen Laut von sich, und läuft unruhig umher. Aber nicht nur durch eine Vielzahl von Geräuschen verständigen sich die Füchse untereinander. Wie beim Wolf werden Mimik und Körpersprache, Ruten- und Ohrhaltung eingesetzt.

Mit sechs bis acht Wochen folgen die Welpen dem Muttertier noch weiter weg vom Bau, während der Fuchsvater auf Nahrungssuche geht. Kommt dieser dann zurück, wird er schwanzwedelnd, stürmisch und quiekend von den Welpen begrüßt. Sie beginnen sogleich, sich um das Essen zu streiten. Im Gegensatz zum Wolf, der seine Beute verschlingt und den Welpen wieder hervorwürgt, trägt der Fuchs den Ertrag seiner Futtersuche im Fang. Die Jungen müssen ihr Mahl selbst zurecht kauen.

Die Welpen werden immer selbstständiger, sind sich aber der Gefahren, die ihnen begegnen können, nicht bewusst. Bedrohungen durch den Straßenverkehr, Fallen, Jäger, aber auch durch Krankheiten gehören zur Tagesordnung. Nur einer von vier Welpen wird in der Regel den ersten Geburtstag erleben. Dazu kommt, dass die Füchse auch untereinander nicht zimperlich sind – was für viele sogar tödlich endet. Denn schon früh fangen die Kleinen an, ihren Platz zu behaupten. Es geht um das „Survival of the fittest“: Der durchsetzungsfähigste Welpe hat auch später die besten Chancen im Leben. Der Kampf beginnt schon am Gesäuge der Mutter: Jedes Kind macht sich so breit wie möglich. Die Folge ist, dass es den schwachen Tieren kaum gelingt, an die Milch zu kommen. So verhungern die ersten Welpen bereits nach ein, zwei Tagen, sie vertrocknen regelrecht. Die restlichen Welpen sind immer nur daran interessiert, selbst den besten Platz zu erhaschen. Bei einem Wurf von sieben Welpen beispielsweise, die allesamt von Menschenhand aufgezogen wurden, beobachteten wir, dass sich ab der zweiten bis dritten Woche nach und nach die Welpen ineinander verbissen. Die stärksten Tiere suchten sich die beiden schwächsten Geschwister aus und fielen gemeinsam über sie her. In freier Natur müssten diese Welpen spätestens nach einer Wundinfektion sterben, wenn sie nicht schon vorher von den eigenen Geschwistern totgebissen wurden.

Natürlich zeigten nicht alle Fuchswelpen ein solches Verhalten. Allerdings war deutlich der Nachahmungstrieb zu beobachten. Wenn ich verschiedene Gruppen zusammenführte und nur ein beißwütiger Fuchswelpe dabei war, schlossen sich die anderen Jungtiere diesem an und suchten sich ein schwaches Opfer aus. Diese Raufbolde musste ich wieder voneinander trennen. Dabei zeigte sich, dass Welpen, die dieses Beißverhalten nur zögernd umsetzten, sich in einer anderen Gruppe wieder ganz normal verhielten.Die Jungfüchse, die sich in dieser harten Schule bewiesen haben, machen sich im Alter von vier, fünf Monaten auf, um ihr eigenes Revier zu finden. Auf diesem Weg, manchmal alleine oder zu zweit, haben sie so manche Hürde zu nehmen. Es ist nämlich nicht einfach für die jungen Füchse, sich in einem bereits von einem erwachsenen Tier besetzten Revier durchzusetzen.

Füchse leben normalerweise in Territorien von bis zu 40 Quadratkilometern. Sie markieren ihr Revier mit Urin, Kot und Sekreten aus der Analdrüse und der Viole, eine Drüse, die an einem schwarzen Punkt auf dem Schwanzansatz zu erkennen ist. Auch das Futter wird gerne derart gekennzeichnet, um anderen Tieren mitzuteilen: „Das gehört mir!“ Selbst in die Futterschüssel uriniert oder kotet ein dominanter Fuchs.

Die sozialen Bindungen von Füchsen richten sich stark nach ihren Lebensbedingungen.

Während sich gerade in Städten nicht selten Lebensgemeinschaften in Form von kleinen Rudeln herausbilden (dies hat mit dem Futteraufkommen und dem Platzangebot zu tun), erlebt man Füchse in freier Wildbahn nur in bestimmten Lebensabschnitten als gesellig, zum Beispiel in der Ranzzeit und bei der Welpenaufzucht. Auf Beutesuche sind Füchse zumeist allein unterwegs.

Dennoch besitzen Füchse ein sehr ausgeprägtes

Sozialverhalten. Ist Nachwuchs da, verlässt die Mutter 14 Tage lang nicht den Bau. Sie versorgt die Welpen, während der Rüde das notwendige Futter herbeischafft. Füchse leben im Regelfall monogam, das heißt, dass sich Jahr für Jahr die gleichen Paare bilden.

Wie sich die Population der Füchse entwickelt, hängt von verschiedenen Faktoren ab. Es kommt beispielsweise auf die Größe des Reviers, das Futteraufkommen, den Bestand von Füchsen in einem bestimmten Territorium und den Jagddruck an. Grundsätzlich ist zu sagen: In einer funktionierenden sozialen Fuchsgemeinschaft wird bei den Jährlingen die Hitze unterdrückt. Nur das Alphatier sorgt dann für Nachwuchs. Diese Art der kontrollierten Fortpflanzung der erfolgreichsten Tiere sichert dem Nachwuchs die größten Überlebenschancen.

Fuchs und Mensch

Überall, wo Menschen in der Nähe sind, verändert sich auch das Leben der Füchse. In sozialer, aber auch in räumlicher Hinsicht. Vor allem durch die Jagd – allein im Jagdjahr 2006 wurden nach Angaben des Deutschen Jagdverbandes rund 430.000 Füchse zur Strecke gebracht –, aber auch durch schädliche Umweltbedingungen (dem Straßenverkehr fallen jedes Jahr tausende Füchse zum Opfer) werden die sozialen Fuchsgemeinschaften und auch die Populationsentwicklung empfindlich gestört. Obwohl schon vor Jahren bei Untersuchungen an der Universität des Saarlandes festgestellt wurde, dass sich der heimische Rotfuchs vorwiegend von Mäusen, Aas, Fallobst, Schnecken, Insekten und Regenwürmern ernährt und weniger als fünf Prozent des Niederwildes dem Fuchs zum Opfer fallen, wird das Tier weiter bejagt. Als Rechtfertigung für ihr Tun verweisen die Jäger auf Veröffentlichungen von Jagdwissenschaftlern, die folgende These vertreten: Wird der Fuchs stärker bejagt, leben weniger Füchse in einem Gebiet. Dadurch erhöht sich die Niederwildpopulation, die Fuchsbandwurmerkrankungen gehen zurück und das Tollwutrisiko sinkt.

Diese Ergebnisse wurden allerdings durch andere Forschungserkenntnisse längst revidiert. Wie schon erwähnt, setzt sich eine Fuchsfamilie aus dem Rüden, der Leitfähe und Jährlingen zusammen. Hier bringen nur die ranghöchsten Fähen zwei bis drei Welpen zur Welt. Die weiblichen Jährlinge, obwohl reproduktionsfähig, schaffen das Futter zur Aufzucht der Welpen mit bei. Nachweislich beteiligen sich in einer solchen Konstellation bis zu 81 Prozent der geschlechtsreifen weiblichen Tiere nicht an der Fortpflanzung der Spezies. Durch die Jagd auf die Füchse werden aber diese sozial gewachsenen, normalen Strukturen auseinandergebrochen. Folge: Die bis dato zurückhaltenden weiblichen Füchse pflanzen sich nun ebenfalls fort und bekommen dazu noch mehr Welpen, etwa fünf bis sechs pro Wurf. Das „Fuchsproblem“ (aus Sicht der Jäger) wird also eher größer als kleiner.

Das ist nicht die einzige Auswirkung. Durch den Verlust eines Tieres – sei es durch Jagd oder in Folge eines Verkehrsunfalls – entsteht ein Chaos in den Familienverbänden der Füchse. In einem gewachsenen Rudel von Wildtieren, in dem die Hierarchie längst geklärt ist, wird diese durch den Tod eines Familienmitgliedes in Frage gestellt und führt oft zu massiven Auseinandersetzungen im jeweiligen Rudel. Weil Paare nur noch selten zueinander finden, befruchten Rüden nun sämtliche Fähen. Das hat zur Folge, dass sie durch diese Belastung nicht mehr ihrer Verpflichtung nachkommen können, bei Bedarf auch verwaiste Welpen zu umsorgen. Die Kleinen bekommen keine Nahrung mehr und sterben qualvoll.

Fehlen umgekehrt die Väter, sind die Fähen gezwungen, ihre Welpen frühzeitig im Bau zurück zu lassen, um nach Beute Ausschau zu halten. So laufen sie Gefahr, entweder erschossen oder überfahren zu werden. Zudem haben sie auch weniger Zeit, sich um den Nachwuchs zu kümmern.

Durch den Einfluss des Menschen ändern sich auch die Lebensräume der Tiere. Rüden dringen beispielsweise in fremde Reviere ein, ein Verhalten, das bei einer gesunden Fuchspopulation nicht üblich ist. Und: Füchse bevölkern im 21. Jahrhundert längst nicht nur den Wald. Weil ihre natürlichen Lebensräume zunehmend zerstört werden, suchen sie sich neue Territorien in der Stadt. Ihnen bleibt keine andere Wahl.

Um die Problematik „Füchse in der Stadt“ zu verdeutlichen, möchte ich eine Begebenheit schildern, die sich an einem Septembermorgen im Jahr 2007 in Oberhausen ereignete:

Ein Fuchswelpe hatte sich in einem Kaufhaus verirrt und kauerte hinter der Treppe. Die Mitarbeiter und Besucher des Warenhauses waren in heller Panik. Vorsichtshalber wurden alle alarmiert – Polizei, Feuerwehr, Ordnungsamt, Veterinär und ein Jäger.

Die Hilfskräfte fingen den Welpen vor den Augen eines Menschenpulks und steckten ihn in eine Pappkiste. Die Amtstierärztin gab gegenüber der ansässigen Tageszeitung zu verstehen, das Tier müsse getötet werden. Und das unabhängig davon, ob es nun an Tollwut erkrankt sei oder nicht. Das Prozedere dabei hieß: Erst freilassen, dann abschießen. Es musste zur „jagdlichen Erlegung“ kommen, da das Einschläfern Stress für das Wildtier bedeuten würde. Viele gaben zu dem Thema ihr Statement ab, zum Schluss konnte festgestellt werden, dass niemand auch nur die geringste Ahnung hatte. Und

der Hinweis der Veterinärin – „Würden wir ihn heute frei lassen, dann stünde er morgen wieder im Kaufhaus." – zeigte, dass sie offensichtlich mit der Situation überfordert war. Ein Fuchs in der Stadt und Panik, als sei der Problembär selbst los ...
Dieses Beispiel steht stellvertretend für viele andere. Auch in meiner täglichen Arbeit kann ich in weniger dramatischen Fällen immer wieder erleben, welche Spannungen doch auftreten, wenn Füchse ihre Heimat in der Nähe der Menschen suchen. Oft bekomme ich zum Beispiel Anrufe, dass Stadtfüchse in den relativ kleinen Gärten zwischen den Erdbeeren ihren Kot hinterlassen.
Natürlich ist das ärgerlich, zumal die Menschen Angst vor dem Fuchsbandwurm haben, der sich möglicherweise in den Hinterlassenschaften des Tieres befindet. Untersuchungen weisen zwar aus, dass Füchse in Ballungsgebieten mit geringerer Wahrscheinlichkeit mit Fuchsbandwürmern infiziert sind, doch die Unsicherheit bleibt. Was tun?
Da in befriedeten Bezirken nicht gejagt beziehungsweise geschossen werden darf, sind die Bürger auf sich alleine gestellt. Es ist verboten, einen Fuchs zu fangen und in andere Gebiete zu bringen. Mein Vorschlag ist und war immer das Verabreichen einer Kur gegen den Fuchsbandwurm. Da die Füchse von Katzenfutter angelockt werden, liegt die Lösung nahe, in dieses Futter einfach Wurmkurtabletten hineinzumischen. Dies sollte nach vier Wochen und anschließend zwei Mal jährlich wiederholt werden. Die Füchse wechseln hier ihre Reviere recht selten. So weiß jeder, dass die Füchse im Umkreis gesund sind. Auch Katze und Hund sollten natürlich regelmäßig entwurmt werden.
Um es ganz deutlich zu sagen: Füchse in Städten stellen im Wesentlichen keine Gefahr für Menschen dar. Übrigens, auch nicht für Hauskatzen: Füchse gehen den wehrhaften Stubentigern aus dem Weg. Es ist viel wahrscheinlicher, dass ein Hund eine Katze verfolgt als dass ein Fuchs dies tut.
Mit einer Überpopulation muss in Städten zudem nicht gerechnet werden: Füchse verteidigen ihr Revier und teilen es nur als Paar mit ihrem Nachwuchs und bilden kleinere Rudel. Wechselnde Schlafplätze der Füchse und zugehörige Futterplätze lassen es nicht zu, dass sich die Füchse unkontrolliert vermehren.
Im Gegensatz zu den Wald- und Wiesenfüchsen kommen die Stadtfüchse auch mit einem sehr viel kleinerem Revier zurecht. Man unterscheidet bei den Stadtfüchsen den festen Kern, also die Füchse, welche sich ausschließlich in der Stadt aufhalten und noch nie einen Wald gesehen haben, und die Stadtrandfüchse, welche sich nachts auf die Pirsch machen und Siedlungen um die Ballungsgebiete nach Futter absuchen. Beide Gruppen scheuen die gegenseitigen Reviere. So wird ein Stadtfuchs in der freien Natur geringere Überlebungschancen haben.

Ein Wald- und Wiesenfuchs allerdings würde umgekehrt in der Stadt ganz gut klarkommen.
Durch Menschenhand schließlich finden sich die Tiere auch unfreiwillig in ganz anderen „Lebensräumen“ wieder. Sie leben in Gefangenschaft, bestenfalls in Tierparks, schlimmstenfalls auf Pelzfarmen.
Grundsätzlich ist jede Haltung in Gefangenschaft für ein Wildtier unnatürlich. Viele instinktive Verhaltensmuster des Tieres werden unterdrückt. Das Sozialverhalten bei der Futterbeschaffung und der Verteilung untereinander ändert sich beispielsweise, da keine Beutesuche mehr notwendig ist. Leitende Fähen lassen es zu, dass sämtliche vorhandenen weiblichen Tiere vom Rüden befruchtet werden. Schließlich reicht das Futterangebot aus, um mehrere Würfe gleichzeitig aufzuziehen. Die eingeschränkten Bewegungsmöglichkeiten machen den Tieren sehr zu schaffen.
Aus diesen Gründen rate ich zumindest von einer Privathaltung in Gehegen ab. Einschränkend möchte ich betonen, dass Wildparks meiner Meinung nach die wichtige und durchaus legitime Funktion haben, der Natur entfremdeten Erwachsenen und Kindern die Tiere näher zu bringen und über die Problematik der Beziehung von Mensch und Natur aufzuklären.
Als Tierfreund verurteile ich natürlich die nicht artgerechte Haltung der Füchse auf Pelzfarmen, wo der kommerzielle Aspekt, die Pelzgewinnung, im Vordergrund steht. Immer wieder entsetzen mich die Bilder und Berichte von diesen Farmen. Die Tiere werden dort in kleinen Käfigen mit Gitterboden gehalten. Wenn es an die „Ernte“ geht, wie man das Fuchsschlachten nennt, erhalten die Tiere vielfach per Elektroden in Mund und Rektum Stromstöße, dann wird ihnen das Fell abgezogen. Von Tierrechtlern vertriebene Videos zeigen, dass die Tiere dabei längst nicht immer tot sind. Dass eine solche Industrie noch existieren kann und darf, bleibt mir unbegreiflich.

Zurück in die Wildnis

Wie ich bereits dargelegt habe, müssen manche Fuchsjunge leider aus den verschiedensten Gründen ohne ihre Eltern in einer für sie artfremden Umgebung aufwachsen. Dann kommen unter Umständen Menschen ins Spiel. Sie können den Tieren helfen, zu überleben und sie für die Herausforderungen in der Natur stark machen. Dabei sollte nie außer Acht gelassen werden, dass das Ziel nahezu immer (!) „Rückführung in die Natur“ lautet.
Das Training dafür ist sehr wichtig. Denn Füchse, die nur das Wohnungsleben in einer Familie kennen gelernt haben, werden große Schwierigkeiten haben, wenn sie mit etwa fünf Monaten in die

Freiheit entlassen werden. Spätestens, wenn die Tiere selbstständig fressen können, ist es deshalb an der Zeit, sie in Aufzuchtstationen abzugeben. Hier lernen die Füchse behutsam, sich wieder in der Wildnis zurecht zu finden.
Doch wie soll eine solche Station am besten aussehen, um den Tieren diese Möglichkeiten zu bieten? Studien zufolge sollen einem Fuchspaar dauerhaft in Gefangenschaft mindestens 300 Quadratmeter zur Verfügung stehen – was ich persönlich für zu wenig halte. Eine großzügige Rückzugsmöglichkeit mit oberirdischen, natürlichen Verstecken wie Baumwurzeln, Stämmen und Ähnlichem ist zu empfehlen. Weitere Bedingungen: Das Gehege sollte nicht von allen Seiten begehbar sein, sondern maximal von zweien. Der Zaun sollte mindestens 1,80 Meter hoch sein und oben eine Biegung von 80 Grad nach innen aufweisen. Er muss einen halben Meter in die Erde eingelassen werden. Es sollten keine Bäume in unmittelbarer Nähe des Zaunes stehen.
Diese Erkenntnisse habe ich bei der Planung meiner Fuchsstation beherzigt. Meine drei Gehege haben Größen von jeweils 75 Quadratmetern und können, je nach Belegung, zu einem einzigen Fuchsterritorium zusammengeschaltet werden, indem die Zwischentüren geöffnet werden. Die natürlichen Verstecke habe ich durch künstliche Röhren ergänzt. Zusätzlich besitze ich ein Holzhaus, in dem sehr junge, schwache oder kranke Tiere untergebracht werden können.
Gute Erfahrungen habe ich damit gemacht, dass ich im Gehege Futter hin und wieder verstecke. So lernt der Fuchs nämlich, dies selbst zu suchen. Oft verstecken auch die älteren Füchse sämtliche Beute, so dass die jüngeren ihr Mahl suchen müssen. Man sollte sie nicht daran hindern, ihr Restfutter zu verstecken.
In meiner Arbeit mit den Tieren habe ich eines schnell gelernt: Bei der Aufzucht eines jungen Fuchses ist der wohl wichtigste Punkt, dass man lernen muss, mit der Zeit Abstand zuzulassen. Dies zeigt der Fuchs selbst schon zeitig an. Hält man nur ein Tier, ist dies noch schwieriger, da ein Welpe unbedingt sozialen Kontakt benötigt.
Es ist grundsätzlich wichtig, dem Welpen eine Möglichkeit zu bieten, sich zu verstecken. Er soll selbst entscheiden, wann er den Kontakt zu seinen Vertrauten braucht. Es gibt Tage, an denen die Kleinen überhaupt nichts vom Menschen wissen wollen, dann wiederum suchen sie Wärme, Geborgenheit und körperlichen Kontakt. Was ihre Mutter ihnen nicht mehr geben kann, muss der Mensch wenigstens eine Zeit lang ersetzen. Genau so müssen Menschen begreifen, dass diese Zeit vorübergeht. Wenn der Fuchswelpe nicht mehr gerne auf dem Arm gehalten werden will, beginnt der Abnabelungsprozess.
Im Alter von vier oder fünf Monaten – das ist sehr individuell – ist es langsam so weit, sich zu verab-

schieden. Die Füchse zeigen unter anderem durch unruhiges Auf- und Ablaufen am Zaun an, dass sie hinaus möchten. Sie suchen dabei den größtmöglichen Abstand zum Menschen. Dann ist es Zeit, das Gehege zu öffnen, die Füchse paarweise zu entlassen und Fressbares in der Umgebung zurecht zu legen.

Der Abschied erfolgt auf Raten: Meist sind die Füchse nach dem zweiten, dritten Tag wieder da und schleichen hungrig um das Gehege. Noch eine ganze Weile kann Futter hier und da in der Umgebung versteckt werden, bevor die Tiere alt genug sind, um selbst zu jagen.

Interessant ist die Tatsache, dass Füchse, wie auch Katzen, das Mäusefangen ganz allein lernen. Die einzige Hilfestellung kann eine so genannte „Mäuseburg" sein. Sie besteht aus mehreren, gestapelten Strohballen mit eingestreuten Weizenkörnern, die Mäuse dazu animieren, darin zu nisten, Weizen zu suchen oder am Stroh zu knabbern. Das große Mäuseaufkommen an und in der Burg erleichtert dem Fuchs das Erlernen des Mäusefangs.

Damit sollten die Füchse das nötige Rüstzeug haben, um lange zu überleben – wenn sie nicht dem Straßenverkehr oder Jagd zum Opfer fallen. Nach und nach entfernen sie sich, bis im Winter nur noch der ein oder andere zu hören ist. Sie streifen aber meist wieder durch ihre alte Heimat, was ich aus nächtlichen Rufen und Unruhen am Gehege heraushöre.

Begegnungen mit Reineke

Bislang habe ich rund 200 Rotfüchse in meiner Station umsorgt und auf ihrem Weg zurück in die Natur begleitet. Dabei konnte ich die unterschiedlichsten Erfahrungen mit den bemerkenswerten Jägern auf Samtpfötchen machen.

Allein schon das Begrüßungsritual eines kleinen Fuchses ist unvergesslich: Fuchswelpen können dabei dermaßen laut werden, dass Nachbarn möglicherweise das Schlimmste befürchten. Die Jungtiere quietschen und schreien, springen und hüpfen und freuen sich, dass es einem Menschen schwer fallen dürfte, diese Freude adäquat zurückzugeben.

Schön ist es, das soziale Verhalten der Tiere zu beobachten. Hier muss ich immer an den Rüden Foxi denken. Nie hätte ich geglaubt, dass Fuchsrüden – im Gegensatz zu mancher Fähe – so sozial sein können, dass sie fremde Welpen „adoptieren" und versorgen. Doch Foxi belehrte mich eines Besseren. Er war von einer Berliner Familie in einer Badewanne aufgezogen worden. Er war nun schon längere Zeit bei mir und unterstützte mich bei der „Erziehung" seiner jüngeren Artgenossen.

Als mir der erste weibliche Welpe der Saison gebracht wurde, war ich auf die Reaktion von Foxi gespannt. Die Füchsin trug den Namen Lischka, was auf Tschechisch so viel wie „Fuchs" bedeutet. Zunächst kam Lischka in das Nachbargehege, so dass sich beide durch den Zaun beschnuppern konnten. Foxi war jedoch so begeistert von ihr, dass er wimmernd am Zaun entlang lief, um mit ihr Kontakt aufnehmen zu können. Bei der Fütterung nahm er seine Fleischbrocken und schob sie sogar durch die Zaunöffnung, um Lischka zu versorgen. Ich dachte schon nach wenigen Tagen an eine Zusammenführung der beiden. Als ich dann Lischka zu Foxi ins Gehege brachte und sie auf den Boden setzte, kam Foxi sofort angerannt. Und ehe ich eingreifen konnte, hatte er sie im Fang und trug sie davon.

Würde er die Kleine jetzt töten? Diese Angst hatte ich und folgte Foxi sofort. Blöderweise kam ich aber schlecht an sein Versteck heran. Ich musste erst einiges wegschaffen, um Lischka wieder zu Gesicht zu bekommen. Und was ich sah, erleichterte mich dann doch sehr. Denn Foxi zeigte sich sehr besorgt und pflegte „sein" Fuchsmädchen mit Hingabe. Wenn es Futter gab, wurde zuerst Lischka von ihm versorgt.

Das Ganze ging circa drei Monate gut, dann begann jeder, sein eigenes Futter für sich in Anspruch zu nehmen und zu verteidigen. Hin und wieder gab es eine harte Rangelei, Geschrei und Gequietsche, bis sich die Gemüter der beiden wieder beruhigt hatten. Jeder suchte anschließend, wenn der Topf noch nicht leer war, ein gutes Versteck für seine Futterreste, die eiserne Reserve.

Kurzum: Foxi und Lischka verhielten sich wie ein altes Ehepaar, manchmal rauften sie, bis einer aufgab, dann wiederum waren sie ein Herz und eine Seele. Obwohl mir auch Lischka sehr ans Herz gewachsen war und ich im Spiel mit ihr alles anstellen konnte, zeigte sie mit vier Monaten, dass das Interesse an mir nachließ. Ein normales Verhalten, das gut ist! Die Füchsin begann, ihre eigenen Wege zu gehen, wollte keine Streicheleinheiten mehr und distanzierte sich zunehmend. Ihre Scheu wurde immer intensiver, so dass ich in ihrem sechsten Lebensmonat wusste, dass sie uns bald verlassen würde.

Als sie dann in Freiheit war, konnte ich sie noch wochenlang in der näheren Umgebung des Geheges beobachten. Wenn sie mich sah, hetzte sie nicht fort, sondern schaute mich nur an und ging dann ihrer Wege. Auf diese Weise nahm ich von vielen Füchsen Abschied.

Unvergessen ist auch Snoopy. Ein regelrechter Wirbelwind! Der Kleine musste alles auf einmal machen: fressen, Futter verstecken, sein Geschäft erledigen, spielen, die Artgenossen vom Futter fernhalten. Er schaffte es auch tatsächlich immer wieder.

Snoopy war immer als Erster bei mir, wenn ich Essbares brachte: Er stürzte fast in den Eimer, in dem sich das Fleisch befand, um alles, fast alles, auf einmal in seinen Fang zu packen und in „seinen Ecken" des Geheges zu sortieren. Hierbei hielt er seine Konkurrenten geschickt mit dem Hinterteil vom ergatterten Futter fern. Gleichzeitig grub er neben sich ein Erdloch, um das erste Futter schon einmal zu verstecken. Auf den Rest wurde dann uriniert oder gekotet. Dann sah er mich wieder und sprang mir auf den Arm, über die Schulter und über den Rücken wieder herunter. Wenn ich auf dem Boden saß, hetzte er auf meinen Kopf und riss mir die Haare aus. Danach ging es wieder zum Futter oder er zankte sich mit einem anderen Welpen.

Der unermüdliche Wildfang war mit der Flasche aufgezogen worden und hatte seine Welpenzeit mit direktem Familienanschluss verbracht. Snoopy hatte im Bett seiner Zieheltern geschlafen, mit Hund und Katze gespielt. Kurzum, er war rundum verwöhnt. Als er zu mir kam, muss dies wie ein Kulturschock für ihn gewesen sein. Seinen Schlafplatz bekam der Kleine nun in einem Fuchsbau unter der Erde, aber letzten Endes schien ihm das gar nichts auszumachen. Er zeigte mir, dass er sich wohl fühlte – so wohl, dass er jedes Mal vor Freude pinkelte, wenn ich in das Gehege kam. Und auch aus Snoopy wurde noch ein „richtiger“ Fuchs. Er lernte schnell, vor Fremden die Flucht zu ergreifen und sich zu verstecken. Das bestätigte wieder meine Erfahrung: Auch aus einem „Schoßfuchs“ wird in der Regel ein Wildtier. Er braucht nur seine Zeit unter Artgenossen, um das Fehlende zu erlernen.

Dass der Ausdruck „schlau wie ein Fuchs“ übrigens mehr als gerechtfertigt ist, erlebe ich in meiner Arbeit mit den Tieren immer wieder. Ein Beispiel: Wenn ich die Füchse versetzen oder einfangen muss, füttere ich sie lange vorher in einer Lebendfalle an, ohne die Falle scharf zu machen. Nach einer bestimmten Zeit, meist etwa zwei Wochen, wird das Gerät so eingestellt, dass beim Betreten rechts und links eine Klappe herunterschlägt und der Fuchs gefangen wird.

Soweit die Theorie. Die Praxis sieht meist anders aus. Oft schon oft fand ich eine verschlossene Falle ohne Köder, aber auch ohne Fuchs vor. Ich wusste nicht, wie die Tiere das anstellten. Deshalb nahm ich mir Zeit, die Falle nachts zu beobachten. Sie ist circa 80 Zentimeter lang. Der Auslöser, auf dem ein Köder angebracht wird, befindet sich in der Mitte. Der Fuchs kam, ließ die Hinterbeine außerhalb der Falle und griff mit einer Vorderpfote nach dem Köder. Die Falle schlug nach unten, blieb an dem Fuchs-Hinterteil hängen. Dieser nahm die Beute und zog sich aus dem Gefängnis heraus. Ganz schön clever!

Ich nahm eine größere Falle und fing damit auch endlich einen Fuchswelpen. Denn seine Körperlänge reichte nicht aus, um das Zuschlagen der Falle zu verhindern. Doch auch hier machten mir die schlauen Tiere einen Strich durch die Rechnung. Die Füchse, die das Ganze beobachtet hatten, versuchten nämlich von nun an, nur von außen an die Köder zu kommen. Selbst, wenn ich tagelang kein anderes Futter bereitstellte. Ich lernte: Nur bei ganz jungen, tapsigen Welpen funktioniert der Trick – ältere Füchse sind einfach viel zu schlau!

Bei jeder Arbeit mit Lebewesen gibt es leider nicht nur solch heitere, sondern auch schmerzhafte Momente. Für mich ist es immer besonders schlimm, wenn ich Welpen übernehme, die bei ihrer Aufnahme vollkommen gesund zu sein scheinen, dann aber kränkeln und in meiner Hand sterben.
Charly war ein solcher Fall. Ich hatte ihn von einer Tierärztin aus Koblenz bekommen. Charly hielt sich häufig auf dem Spielplatz des Kindergartens im Ort auf, wo er nicht gern gesehen war. Der ansässige Jäger war verständigt, die Gemeinde besorgt und die Eltern sahen ihre Kinder bereits mit Tollwut und Fuchsbandwurm infiziert herumlaufen. Dabei wollte Charly nur spielen, denn gerade im Welpenalter suchen verlassene Fuchswelpen nach sozialen Kontakten aller Art. Und wer könnte die jungen Tiere besser verstehen als die noch unvoreingenommenen Kinder?
Nur wurden sie nicht gefragt, als es darum ging, was mit Charly geschehen sollte. Er sollte sterben. Der Jäger hatte schon die Genehmigung erhalten, in dem befriedeten Bezirk auf den Welpen schießen. Die Tierärztin, die davon erfuhr, entschloss sich aber, Charlys Leben zu retten – dem Unverständnis der Bürger zum Trotz. Und Charly ließ sich retten, denn er war damals weder scheu, noch krank, sondern einfach nur ein lieber und unheimlich verfressener Welpe. Die Tierärztin brachte den Fuchs zu mir, denn Charly sollte nicht ohne Artgenossen groß werden. Der kleine Rüde war geradezu süchtig nach Kontakten zu seinen Artgenossen. Nur wenn es um Futter ging, wäre er wohl am liebsten allein gewesen. Alles schien wunderbar. Doch das sollte sich ändern. Nach und nach fielen meiner Mitarbeiterin Tasi und mir bei Charly merkwürdige Verhaltensweisen auf. So drehte er sich beim Füttern immer um die eigene Achse und bekam Probleme, seinen Futternapf zu finden. Später bemerkten wir, dass Charly anscheinend erblindete. Er irrte bei der Fütterung umher und schrie und kreischte, damit nur kein anderer Welpe an sein Futter ging. Für uns war klar, dass Charly wohl ausnahmsweise in der Station bleiben würde. Denn ein blinder Fuchs kann sich in der Natur, in der er nicht aufgewachsen ist, kaum zurechtfinden.
Dann fiel mir auf, dass Charly mich erst spät bemerkte, wenn ich das Futter brachte. Seine Fuchskumpanen flüchteten zuerst in ihren Unterschlupf und waren, bis ich wegging, nicht mehr zu sehen. Charly aber blieb liegen, öffnete nach ein paar Tagen nicht einmal mehr die Augen und schlief. Ja, er verschlief sogar sein Fütterung, was sehr ungewöhnlich für ihn war. Ich dachte zuerst an eine verschleppte

Staupe, die zu der Taubblindheit geführt hatte, aber hierfür waren die Anzeichen nicht charakteristisch. Er wurde untersucht, ergebnislos. Für Charly war es zu spät, er bekam eines Tages in Anwesenheit von Tasi einen epileptischen Anfall und starb dabei. Heute kann ich sagen, dass es für Charly das Beste war. Uns aber tat es schon sehr leid, dass wir ihm nicht helfen konnten.

Ebenso erging es Rudi, der sich anfangs wie ein ganz normales, drei Wochen altes Fuchsjunges verhielt. Es waren keinerlei Fehlbildungen zu erkennen. Doch nach einer Woche schwächelte er, bekam Verdauungsschwierigkeiten. Diese konnten wir zwar wirksam behandeln. Dann aber wollte der Kleine nichts mehr fressen, er jammerte ununterbrochen. Ich musste ihm beinahe gewaltsam Nahrung verabreichen. Schließlich wuchs der Kopf im Verhältnis zum Körper viel zu stark, die Tierärztin diagnostizierte einen Wasserkopf mit einer Gehirnentzündung als Ursache. Welpen infizieren sich mit dieser Erkrankung bereits im Mutterleib, die Entzündung manifestiert sich aber erst ab der sechsten Lebenswoche bis zum sechsten Lebensmonat.

In seinen letzten Tagen wirkte Rudi apathisch, hechelte nur noch und fraß nicht mehr. Sicher hatte er neben den Bewegungsstörungen auch Ausfallerscheinungen der inneren Organe und starke Kopfschmerzen. Daher entschieden wir uns schweren Herzens, ihn von seinen Leiden zu erlösen.

So gäbe es noch viele schöne und weniger schöne Episoden aus meiner Fuchsstation zu erzählen. Doch damit kein falscher Eindruck entsteht: Zu den meisten Fuchswelpen habe ich außer bei der Wurmkur und der Impfung keinen körperlichen Kontakt. Die Füchse und ich bleiben weitgehend auf Distanz.

An dieser Stelle will ich deshalb auch eindringlich vor der Vermenschlichung der Füchse warnen. Sicher, ganz objektiv werde auch ich meine Zöglinge nie betrachten – auch ich sehe sie mit menschlichen Augen. Aber manche Zeitgenossen übertreiben es. Sie bringen Tiere zu mir und zögern dann angesichts des Geheges. Dann wollen sie ihren Fuchs plötzlich zurückhaben. Und ich vermute, dass es damit zusammenhängt, dass ein Fuchswelpe bei mir eben nur wie ein ganz gewöhnlicher Fuchs behandelt wird. So ist es schon passiert, dass eine Frau einen Tag, nachdem sie einen Welpen bei mir abgegeben hatte, frühmorgens das Gehege aufbrach und den Fuchs wieder mitnahm. Zurück blieb die Entschuldigung: „Ich konnte nicht loslassen."

Eine andere brachte einen Welpen aus Berlin zu mir, fuhr nach Hause und kam zwei Tage später wieder zurück, um ihren Liebling zurück in die Etagenwohnung zu bringen. Diese Fähe kam allerdings nicht mehr aus dem Fuchsbau in meinem Gehege heraus, so sehr ihre Ziehmutter auch rief und flehte. Die Kleine hatte sich entschieden, bei mir zu bleiben.

Rotfüchse

Fuchswelpen kommen blind zur Welt, erst in der zweiten Lebenswoche öffnen sich die Augen. Ab der dritten Woche beginnt auch die Erkundung der näheren Umgebung des Fuchsbaus, in dem sich das bisherige Leben der Welpen abgespielt hat. Da sie Gefahren zu diesem Zeitpunkt noch nicht erkennen, sind sie auf Warnungen durch die Eltern angewiesen, die durch unterschiedliche Laute und/oder Mimik erfolgen können.

Die angelegten Ohren der beiden Füchse zeigen an, dass sie sich gegenseitig respektieren und im zu erwartenden Kampf nicht ernsthaft verletzen werden. Während ältere Füchse den jüngeren spielerisch den Umgang miteinander demonstrieren, kann es zwischen Welpen eines Wurfs durchaus zu harten Kämpfen kommen.

Foxi (links) und Lischka (rechts) waren ein Herz und eine Seele. Erst als Lischka sechs Monate alt war, änderte die Fähe ihr Verhalten. Sie suchte deutlichen Abstand und ließ Foxi nicht mehr in den Bau. Wegen der beengten Platzverhältnisse im Gehege kam es deshalb sogar zu heftigen Auseinandersetzungen, die nicht ohne Blessuren abgingen.

Füchse sind wie Hunde sogenannte „Bewegungsseher", d. h. sie erkennen reglose Objekte wesentlich schlechter als solche in Bewegung. Die Pupillenschlitze verlaufen senkrecht und weiten sich in der Dunkelheit erheblich aus, so dass der Fuchs auch nachts sehr gut sieht. Besser noch als Seh- und Hörvermögen ist allerdings sein Geruchssinn ausgeprägt.

Der Silberfuchs, eine Farbmutation des Rotfuchses, ist das Ergebnis von Züchtungen, die ursprünglich der Pelzgewinnung (vor allem in der Sowjetunion) dienten. In der freien Natur sieht man diese Variante selten. Meist werden die Tiere in Wildgehegen und zoologischen Gärten gehalten.

Die meisten in Freiheit geborenen Fuchswelpen, die in menschliche Obhut genommen wurden, streben nach ihrer Genesung wieder zurück in die Natur. Ihr Verhalten gegenüber dem Menschen ändert sich, sie gehen zunehmend auf Distanz, lassen sich z. B. nur noch widerwillig auf den Arm nehmen. Damit beginnt der Prozess der Rückführung in die Natur. Dieser erfolgt in einem Auswilderungsgehege. Dort lebt der Fuchs ein bis zwei Wochen ohne menschlichen Kontakt (von der Fütterung abgesehen), danach wird er in die Freiheit entlassen.
Wenn hilfsbedürftige, erwachsene Füchse wieder gesund in die Natur zurückgeführt werden, erfolgt dies in ihrem angestammten Revier.

VARI-KENNEL

Die lieben Verwandten

Extrem flexibel: Der Polarfuchs

Es gibt unter den Polarfüchsen (selten auch Eisfüchse genannt) zwei Farbschläge, den Weiß- und den Blaufuchs, die sich allerdings nur im Winterfell unterscheiden. Die Farbe des Sommerfells reicht bei beiden von grau bis braun. Rein weiß ist das Winterfell beim Weißfuchs. Beim Blaufuchs sind Farbmutationen des Winterfells von hellbraun, hellgrau, kastanienbraun, anthrazit mit bläulicher Tönung und stahlblau bis hin zu schwarz möglich. Da blaue Polarfüchse sehr selten sind, ist diese Fellfarbe verhängnisvollerweise sehr beliebt bei der Pelzindustrie.

Eisfuchs und Rotfuchs weisen eine Fülle von Gemeinsamkeiten auf, beim Körperbau, wie auch im Verhalten. Der Polarfuchs, ein verhältnismäßig kleiner Wildhund, lebt in den nördlichen Polargebieten, in den Wintermonaten meist in Küstennähe. Als Anpassung an die eisige Kälte und um die Trittfestigkeit zu verbessern, sind die Fußsohlen dicht behaart. Das Winterfell ist mit einer so dichten Unterwolle versehen, dass Polarfüchse Temperaturen von bis zu -50 Grad Celsius unversehrt überstehen. Erst wenn die Umgebungstemperatur unter -70 Grad Celsius sinkt, beginnen die Tiere zu frieren.

Der Polarfuchs ist tag- und nachtaktiv auf einer Reviergröße von bis zu 60 Quadratkilometern. Als Allesfresser verschmäht er wie seine Verwandten fast nichts, was im Entferntesten essbar erscheint. Er schreckt selbst vor Exkrementen der Eisbären nicht zurück. Besonders Lemminge stehen auf dem Speiseplan dieser Fuchsart. Sein Geruchssinn ist so scharf ausgeprägt, dass er Aas noch unter dicken Schneedecken wittert.

Der Polarfuchs gilt in seinem Sozialverhalten als sehr flexibel und lebt paarweise oder in kleinen Gruppen. Polarfüchse bewohnen wie Rotfüchse einen Kesselbau. Lässt der Dauerfrost einen komplexen, selbst gegrabenen Erdbau mit bis zu 50 Eingängen nicht zu, so begnügen sie sich auch mit einer Felsspalte. Die Paarungszeit ist März bis April, die Tragzeit dauert maximal 56 Tage. Polarfüchse bringen bis zu 20 Junge in einem Wurf zur Welt und die Rüden helfen eifrig mit bei der Aufzucht. Nur wenige der Jungfüchse überleben allerdings den ersten Winter – viele werden Opfer ihrer Unerfahrenheit. Die, die es aber schaffen, versuchen schon im darauffolgenden Frühjahr, „sesshaft“ zu werden und eine Familie zu gründen.

Für den zeitweiligen Rückgang der Polarfuchspopulation macht man unter anderem ein in regelmäßigen Abständen stattfindendes Massensterben der Lemminge verantwortlich. Weil das Fell des Tieres sehr begehrt ist, wurde und wird der Polarfuchs stark bejagt und der Bestand gilt als gefährdet. Zwischenzeitlich finden wieder Ansiedlungsprogramme in Norwegen und Schweden statt, bisher mit mäßigem Erfolg.

Meister der Tarnung: Der Wüstenfuchs

Der Wüstenfuchs, auch Fennek genannt, hat ein cremegelbes Fell. Die Unterseite des Körpers und Teile des Gesichtes sind weiß. Er ist etwas kleiner als die anderen Füchse. Auffallend bei dem putzigen Kerlchen sind vor allem die überdimensionalen Ohren. Sein Lebensraum ist die Wüste. Er kommt in der Sahara sowie in Teilen Arabiens und auf der Sinai-Halbinsel vor.
Um nicht der brütenden Hitze des Tages ausgesetzt zu sein, ist der kleine Wüstenfuchs ausschließlich nachtaktiv. Zu seiner Beute gehören Springmäuse, Eidechsen, Insekten, Früchte, Eier. Auch Aas verschmäht er nicht. Pflanzliche Kost findet der Wüstenfuchs in seinem Lebensraum kaum. In Gefangenschaft macht er sich aber auch über Obst und Beeren her. Seinen Wasserbedarf deckt er weitgehend aus der Nahrung.

Der Wüstenfuchs hat sich den schwierigen Rahmenbedingungen angepasst: Er besitzt ein Haarpolster unter den Pfoten. Diese „Schuhe“ unterstützen den Temperaturausgleich, bewahren den Fuchs vor Verbrennungen und geben Halt im heißen Wüstensand. Die bis zu zehn Zentimeter langen Ohren dienen als eine Art „Klimaanlage“ und leiten überschüssige Wärme ab. Außerdem unterstützt sein sensibles Gehör die großen Nachtaugen bei der Jagd.

Die Paarungszeit fällt in den Januar und Februar; nach rund 50 Tagen bringt das Muttertier zwei bis vier Welpen zur Welt. Das Weibchen und die Jungtiere werden vom Rüden sehr aggressiv verteidigt. Der Wüstenfüchs lebt in Familienverbänden von bis zu zehn Tieren. Die Vierbeiner teilen sich einen Kesselbau, der dem des Rotfuchses gleicht. Bei Gefahr und zur Tarnung nutzt ein Fennek seine Fähigkeit, sich blitzartig in den losen Wüstensand einzugraben, um sich so vor den Feinden wie dem Wüstenluchs zu schützen.

Da bisher die klimatischen Verhältnisse in der Wüste konstant waren, hat sich der Fennek ideal an die Gegebenheiten anpassen können. Es bleibt abzuwarten, ob der Klimawandel der Art zuträglich sein wird oder ihr schadet. Auch der Fennek hat unter der Bejagung durch den Menschen in seinem Lebensraum zu leiden.

Menschenscheu: Der Steppenfuchs

Unterschieden werden der kirgisische Steppenfuchs (Karajanki) und der kleine Steppenfuchs (Korsaki). Während der Karajanki die Färbung der Wölfe hat, haben Korsaki ein leicht graubraunes bis rötliches Fell. Beide sind etwas kleiner als der Rotfuchs.
Die Heimat des Steppenfuchses reicht von Zentral- und Ostasien bis nach Tibet. Er bevorzugt das Leben in trocken-kargen Grasländern, also Steppen-Halbwüsten, und meidet den Kontakt zu Siedlungsgebieten. Im Gegensatz zum Rotfuchs ist er kein Kulturfolger, das heißt, er meidet menschliche Siedlungen und hat zudem große Probleme mit jeglicher Umgestaltung seines Lebensraums.

Der Steppenfuchs ist nicht wählerisch. Er ernährt sich von allem, was er finden kann: kleine Säugetiere, Insekten und Vögel, auch Pflanzen. Er ist ein Allesfresser. Bei der Futtersuche wendet er unterschiedliche Techniken zum Stöbern und Jagen an. Mit Augen, Ohren und Nase sucht er nach allem, was irgendwie essbar ist. Besonders häufig erbeutet er Mäuse. Gefangen werden sie mit dem für Füchse typischen „Mäusesprung“: Der Jäger springt fast senkrecht hoch. Mit den Vorderpfoten landet er auf dem Beutetier und schlägt direkt seine Zähne in das überraschte Opfer.

Der Steppenfuchs weist ein ähnliches Sozialverhalten wie der Rotfuchs auf. Meist übernimmt er als Behausung einen Bau, der von einem anderen Tier, etwa einem Dachs, gegraben wurde. Obwohl er in Freiheit vor allem nachtaktiv ist, zeigt er sich in Gefangenschaft auch bei Tage aktiv.
Der kleine Geselle scheint insgesamt sozialer zu sein als andere Füchse und bildet Baugemeinschaften und im Winter kleine Jagdrudel. Diese bestehen meist aus einem Paar und den bereits älteren Jungtieren aus dem Vorjahr.
Die Paarungszeit fällt in die Zeit von Januar bis März. 50 bis 60 Tage später wirft die Fähe zwei bis elf junge Welpen.

Der Steppenfuchs wurde von jeher wegen seines dichten, glänzenden Fells bejagt. Fallensteller und Jäger sorgten beispielsweise im 19. Jahrhundert dafür, dass allein in der westsibirischen Stadt Irbit jährlich etwa 10.000 Steppenfuchsfelle umgeschlagen wurden. Auch heute noch wird dem Steppenfuchs nachgestellt, sodass er inzwischen vom Aussterben bedroht ist. Er steht auf der Roten Liste der gefährdeten Tierarten.

Wüstenfüchse

In Kirgistan

Hartmann Jenal zusammen mit dem Merziger Wolfsforscher Werner Freund in Kirgistan.

Steppenfüchse

Polarfüchse

Die Botschaft der Füchse

Durch die Arbeit mit den Füchsen habe ich ein völlig neues Verhältnis zu der Natur und den darin lebenden Tieren bekommen. Ich habe selbst gesehen, wie schwer es für die Tiere ist, sich in der Wildnis durchzuschlagen. Und auch die Gefahren, die vom Menschen ausgehen, ließen mich sehr nachdenklich werden.

Ich hoffe deshalb, mit diesem Bildband einen kleinen Beitrag leisten zu können, um ein missverstandenes wunderschönes Wildtier wie den Fuchs den Menschen näher zu bringen.

Ich möchte hiermit all denen danken, die sich der Füchse angenommen haben, indem sie sie aufzogen und ihnen zusammen mit mir den Weg zurück in die Freiheit aufzeigten. Gleichzeitig möchte ich auch an die appellieren, für die Füchse bisher nur „Parasiten“ sind. Ich wünsche mir, dass sie mehr Respekt und Achtung vor diesen so klugen und eigentlich liebenswerten Mitgeschöpfen zeigen und ihr Handeln mit all seinen Konsequenzen genauer überdenken. Vielleicht können die nachfolgenden „Tipps für den Umgang mit Füchsen“ dabei hilfreich sein.

Zu guter Letzt möchte ich an dieser Stelle einen langjährigen Freund zitieren, den mittlerweile verstorbenen Verhaltensforscher Erik Zimen. In Deutschland bekannt geworden ist er, neben seiner Arbeit als Filmer und Autor, durch das Studium des Sozialverhaltens eines Wolfsrudels im Nationalpark Bayrischer Wald als Mitarbeiter von Prof. Konrad Lorenz am Max-Planck-Institut in Seewiesen. Von 1979 bis 1987 leitete er als Mitarbeiter von Prof. Paul Müller an der Universität des Saarlandes ein Forschungsprojekt zum Verhalten von Füchsen. Er schrieb mir einmal:

„Der Fuchs (Vulpes vulpes) ist in vieler Hinsicht ein ganz ungewöhnliches Tier. Er ist unter den Tieren anpassungsfähig wie kein anderes, hat unter den Säugetieren die größte natürliche Verbreitung, lebt flächendeckend von den Polarmeerküsten im Norden bis in die Steppen und Wüsten des Südens, im Hochgebirge, im Flachland, weit weg von jeder menschlichen Behausung und auch inmitten unserer Großstädte. Er dehnt seinen Lebensraum sogar immer weiter aus und nimmt – besonders ungewöhnlich für ein Wildtier heute – vielerorts zahlenmäßig stetig zu. Reineke – der Überlebenskünstler schlechthin.

Doch erfolgreich sein ist nicht immer vorteilhaft – zumindest nicht, wenn man damit in Konflikt mit einem übermächtigen Gegner kommt, mit dem Jäger. Wolf, Luchs und Bär wurden bereits ausgerottet. So konzentriert sich aller Neid, alle Missgunst und

Hass auf den größten noch verbliebenen Konkurrenten, eben auf den kleinen Fuchs. Er frisst zwar hauptsächlich Mäuse und anderes nicht jagdbares ‚Wild' wie Regenwürmer, Blaubeeren und Insekten, aber den einen Junghasen, den er auch mal erwischt oder das Fasanengelege, das er ausraubt, wird ihm zum Verhängnis. Wie bei keinem anderen Tier wird deshalb seine strikte Bejagung seitens der Jägerschaft verlangt, darf er in den meisten Bundesländern sogar in der Zeit, in der er seine Jungen gebärt und aufzieht, getötet werden, egal ob säugende Fähen oder Welpen am Bau. Bei keinem anderen Wildtier wäre dies möglich, geschweige denn waidgerecht. Beim Fuchs hingegen hört die Achtung vor dem Leben dort auf, wo die eigenen Interessen tangiert werden könnten. Nein, die Sache mit dem Fuchs ehrt den Jäger nicht.

Geradezu lächerlich wird das Ganze nun dadurch, dass alle Mühen der Jäger, den Fuchs zu dezimieren, nichts nützen. Vielmehr scheint die heutige Form der Fuchsbejagung eher die Fuchsbestände zu vermehren als zu reduzieren, zumindest großflächig gesehen. Die Fähen bekommen mehr Junge und diese wandern schnell wieder in die leer geschossenen Reviere ein. Wahrlich, Reineke, ein Anpassungskünstler! Wie kein anderes Tier wird er so zum Symbol der Widerstandskraft des Lebens gegen diese Hybris des Menschen – quasi als Stellvertreter Gottes –, alles in der Natur regulieren und nach seinem Gusto bestimmen zu wollen.

In der Tat, wie schön ist es, dass es diesen kleinen, schlauen Fuchs noch gibt, der in seinem Bereich uns unsere Ohnmacht vor den natürlichen Lebensprozessen immer wieder vor Augen hält. Und wie weise wäre es von uns, wenn wir – die so unvergleichlich viel größer und stärker sind – diese Botschaft endlich wahrnehmen würden und uns in unserem Streben bescheiden, sprich in diesem Zusammenhang zumindest das Töten säugender Fuchsmütter und Welpen im und vor dem Bau verbieten würden."

Tipps zum Umgang mit Füchsen

Der Fuchs – ein Haustier?

Ein Wildtier ist und bleibt ein Wildtier, das in die Natur gehört. Deshalb rate ich persönlich davon ab, einen Fuchs oder ein anderes Wildtier zum Haustier zu machen. Dennoch habe ich öfter derartige Fälle erlebt: Da residierten Füchse unter Umständen über längere Zeit in der Wohnung, benutzten das Katzenklo und verkrochen sich, kaum dass ein Fremder eintrat. Da wurden Dachse in Gehegen gehalten und mit allerlei Spielzeug versorgt. Wenn sich dann die menschlichen „Zieheltern" doch überwanden, das Tier bei mir abzugeben, um es fit für die Rückführung in die Natur zu machen, gingen dem meist hoch emotionale Szenen voraus. Da floss so manche Träne zum Abschied.

Dennoch war ihre Entscheidung richtig. Denn: Es gibt einen Unterschied zwischen mit der Hand aufgezogenen Wildtieren und domestizierten Tieren wie zum Beispiel Hund oder Katze. Im Prozess der Domestikation wurden über Jahrtausende die zutraulichsten Tiere ausgewählt. Das ist aber bei keinem Fuchs der Fall. Er wird sich mehr oder weniger an die Gefangenschaft anpassen. Aber wirklich wohlfühlen wird er sich in menschlicher Nähe nie.

Und so nützt es auch nichts, zu glauben, eine gute Versorgung des Tieres allein sei schon ausreichend. Schließlich kenne der Zögling ja nichts anderes und empfinde ein Leben in der Wohnung oder im Gehege als „normal". Meiner Meinung nach zeichnet ein Wildtier mehr aus: Auch ein Dachs oder Fuchs, der die Freiheit niemals selbst kennen gelernt hat, entwickelt die Bedürfnisse eines wilden, freien Tieres und hat vielleicht einen unbestimmten Drang nach draußen, in die Natur. Wenn er kein entsprechendes Umfeld hat – wer sollte ihm das bieten? – , können sich die natürlichen Anlagen und Verhaltensmuster nicht entfalten, das Tier verkümmert.

Wann braucht ein Fuchs Hilfe?

Wie ich schon erwähnte: Ein Wildtier ist kein Haustier. Dennoch gibt es aber durchaus Situationen, in denen es sinnvoll sein kann, beispielsweise einen Fuchswelpen vorübergehend aufzunehmen. Dies ist aber nur dann der Fall, wenn man sicher davon ausgehen kann, dass die Fuchsmutter nicht mehr zu dem Welpen zurückkommt. Dies herauszufinden ist gar nicht so einfach. Fuchsjunge können nämlich durchaus gut einige Stunden von ihrer Mutter allein gelassen werden, ohne dass es Grund zur Besorgnis gibt.

Wenn ein Welpe jedoch hin und wieder in einem „Truller"-Ton nach der Mutter ruft und diese sich in der nächsten halben bis vollen Stunde nicht zeigt, ist es wahrscheinlich, dass ihr etwas zugestoßen ist. Auf jeden Fall ist hier eine gute Beobachtungsgabe vonnöten. Man sollte in einiger Distanz zu dem Jungen abwarten und erst nach reiflicher Überlegung den Welpen mitnehmen. Bei Unsicherheiten sollte das Wildtier in Wald und Wiese belassen werden. Sonst kann mehr Schaden angerichtet werden, als jede Fuchsstation wieder gutmachen könnte. Fuchswelpen leiden sehr darunter, wenn sie aus der ihnen vertrauten Umgebung genommen werden und ihren Familienverband verlieren. Und nicht nur sie. Ich habe einmal erlebt, dass ein aufgenommenes gesundes Rehkitz in der Gefangenschaft nachts so lange gegen den Zaun gesprungen ist, um zu seiner Mutter zu kommen, bis es starb. Niemand kann also vorhersehen, ob einem Wildtier wirklich zu helfen ist, wenn wir es in Obhut nehmen.

Sitzt ein Fuchswelpe jedoch hilflos an der Autobahn oder an einer stark befahrenen Straße, dann spricht nichts dagegen, dem Kleinen zu helfen – wenn es dies zulässt. Mich hat immer verwundert, wie unterschiedlich die Mini-Füchse in diesen Fällen reagierten. Manche zeigten ihren „Rettern" gegenüber keinerlei Scheu, während andere Tiere gleichen Alters mir schon häufiger mal die Zähne präsentierten. Für einen Welpen offenbart der Spruch „Wer Angst hat, lebt länger" aber auch nicht unbedingt immer die Aussicht auf die größten Überlebenschancen. Denn wenn die Fuchsmutter überfahren oder abgeschossen worden ist, und der Welpe sich noch in unmittelbarer Nähe befindet, gibt es zwei Überlebensstrategien: Davonlaufen, wenn die Mutter erschossen wurde, und nun auch ihrem Zögling die Gefahr des Abschusses droht. Abwarten, bis ein aufmerksamer Autofahrer den Welpen in der Nähe der überfahrenen Fähe entdeckt, der ihn mitnimmt und aufzieht.

Rechtlich ist das Ganze übrigens alles andere als einfach: Nach dem Bundesjagdgesetz darf sich nur der zuständige Jagdpächter in seinem Revier jagdbares Wild aneignen. Strittig hierbei ist die Frage, ob sich jemand ein Wildtier aneignet, wenn er einem hilfsbedürftigen Wildtier das Leben retten will und es nur vorübergehend aufnimmt, um es dann später, wenn es sich selbst erhalten kann, wieder in die Natur zu entlassen. Ebenso strittig ist die Frage der Rückführung in die Natur.

Sicher ist eigentlich nur, dass die Aufnahme eines Fuchses auf jeden Fall Konfliktpotential birgt und möglicherweise juristische Scherereien bedeuten kann.

Wie ziehe ich ein Fuchsbaby auf?

Ist der Welpe nun einmal da, muss er versorgt werden. Fuchswelpen können mit Milchpulver, das einen der Muttermilch entsprechenden Fettgehalt aufweist (zum Beispiel „KMR-Albrecht"), und einem Medikament namens „Sab-Simplex" (gegen Blähungen) aufgezogen werden. Welpen, die ihre

Augen noch nicht geöffnet haben, erhalten ihr Fläschchen alle zwei Stunden. Dabei ist Behutsamkeit wichtig: Der Welpe darf sich nicht verschlucken, denn dabei kann Milch in die Atemwege gelangen. Das kann zur Lungenentzündung führen. Also sollte man viel Zeit dafür einplanen! Nimmt der Welpe das Fläschchen nicht an, dann kann mit einer Spritze ausgeholfen werden. Tropfen für Tropfen sollten dann in den Fang laufen. Etwa im Alter von drei Wochen gebe ich der Milch etwas Grießbrei hinzu. Damit bleiben die Welpen länger satt, so dass sie nur drei Mal am Tag gefüttert werden müssen.

Im Alter von vier Wochen bekommt der Nachwuchs dann klein gehacktes und mit Ei oder gekochter Brühe versetztes Geflügel- oder Kalbfleisch. Steht kein Frischfleisch zur Verfügung, kann auch Katzenfutter genommen werden. Füchse als Allesfresser brauchen auch Obst. Nicht jedes Tier nimmt alles gern an, man muss schon ein bisschen probieren. Kirschen, Pflaumen, Bananen oder Brombeeren – irgendetwas wird schon schmecken.

Die Welpen suchen und brauchen soziale und körperliche Nähe. In jedem Fall sollten sich die Tierhalter darauf einstellen, dass aber lediglich die Bezugspersonen Kontakt zum Fuchs halten können. Besucher oder Veränderungen der gewohnten Umgebung lassen den Adrenalinspiegel des Tieres steigen. Es ergreift in Panik die Flucht. Manchmal wächst die Angst so sehr, dass kein Hindernis zu hoch erscheint. Ein Fuchs springt aus dem Stand über zwei Meter hoch, kann auf Bäume rasen oder versucht, sich durch die kleinste Lücke zu quetschen, um flüchten zu können. Verletzungen sind hierbei keine Seltenheit.

Ist der Fuchs dann einmal geflohen, erweist er sich vielleicht doch als nicht gut genug auf das Leben in freier Wildbahn vorbereitet und wird nun Opfer der langen „Verzärtelung".

Nicht unbedingt von Vorteil ist es, wenn ein Hund im Haus ist, der sich mit dem Fuchswelpen verträgt. Der Hund nimmt zwar dem Fuchshalter viel Arbeit ab und beschäftigt den Welpen. Bei einer Familie in Völklingen-Ludweiler konnte ich erleben, dass der eben aufgenommene drei Wochen alte Fuchswelpe sich direkt dem Bordercollie des Hauses anschloss und viel von ihm lernte – ein herrliches Bild!

So hilfreich dieses Miteinander von Hund und Fuchs sein mag, so erwächst daraus auch eine Gefahr. Dann nämlich, wenn der Fuchs, wieder in Freiheit, keine Angst mehr vor Hunden zeigt. Das kann ihm zum Verhängnis werden.

Die Jungen fangen spätestens mit 12 bis 14 Wochen an, das Haus auf den Kopf zu stellen, und nichts ist mehr vor ihnen sicher. Nicht ohne Grund gehören die meisten Welpen, die ich aufnehme, zu dieser Altersgruppe.

Welche Fuchskrankheiten gibt es?

Vor allem wegen der Tollwut wird der Fuchs in unserer Gesellschaft verfolgt. Er gilt schlechthin als Überträger dieser Seuche. Bei ihr handelt es sich um eine für Mensch und Tier lebensbedrohliche, durch Viren ausgelöste Infektionserkrankung, die zumeist durch den Biss eines kranken Tieres mit dem Speichel übertragen wird. Durch die Jagd wurde die Seuche weder ausgerottet noch die Fuchspopulation verringert. Die Impfköder gegen Tollwut führen zwar zu einer Verminderung erkrankter Füchse. Aber Analysen in jagdfreien Gebieten zeigen, dass die Köder erst im Zusammenhang mit einer Einstellung der Jagd die Tollwut erfolgreich besiegen können.

Wieso? Ganz einfach: Wie bereits dargelegt, sind Füchse territoriale Tiere. Legt man nun in festen Abständen Köder aus, kann man davon ausgehen, dass alle Füchse in ihren Territorien einen Köder gefressen haben. Doch die Jagd verhindert dies. Wird ein Fuchs geschossen, entsteht ein freies Revier. Dieses ist vielleicht besser als ein anderes. Meistens sind es dann die Junggesellen unter den Füchsen auf der Suche nach einem Territorium, die sich dort nach Kämpfen mit potenziellen Mitbewerbern niederlassen, während die unterlegenen Tiere weiterziehen. Fazit: Die Füchse bleiben in Bewegung und verschleppen die Krankheit. Ob sie aber bei den Aktivitäten einen Köder gefressen haben, kann keiner wissen. Dazu kommt noch, dass nun möglicherweise Füchse von weit her kommen und das Virus in ein vielleicht schon als tollwutfrei geltendes Gebiet wieder einschleppen. Außerdem kommt es durch die Wanderungen zu häufigeren Fuchs-Fuchs-Kontakten, was ebenfalls der Verbreitung des Virus' dienlich ist. Auch des Fuchsbandwurms (lat. „Echinococcus multilocularis") wegen wird der Fuchs gefürchtet. Der Fuchs dient dem Parasiten als Hauptwirt. Allerdings fungieren auch Hunde und Katzen als Wirte – sie gelten als die eigentlich relevanten Überträger für den Menschen.

Die Ansteckungsgefahr für den Menschen ist Experten zufolge relativ gering. Pro Jahr infizieren sich in Deutschland etwa 20 Personen mit dem Fuchsbandwurm. Dies sind Leute, die hauptsächlich berufsmäßig mit der Gefahr konfrontiert werden wie Forstarbeiter oder Jäger. Um auch hier einer großen Angst entgegenzuwirken: Untersuchungen haben belegt, dass sich bislang noch kein Mensch über den Verzehr von Beeren mit der Krankheit angesteckt hat. Fakt ist, dass die Inkubationszeit der Echinokokkose beim Menschen, ausgelöst durch den Fuchsbandwurm, manchmal bis zu zwölf Jahre beträgt. Bricht dann die Krankheit aus (meist setzt sich der Parasit in der Leber fest) ist eine Behandlung sehr aufwändig. Heilbar ist die Krankheit noch nicht, aber der Verlauf kann gestoppt werden. Der

Betroffene muss ein Leben lang mit Medikamenten behandelt werden. Menschen, die intensiv im Wald beschäftigt sind, sollten deshalb vorsichtshalber alle zwei Jahre ihr Blut auf Antikörper untersuchen lassen. Bei rechtzeitigem Erkennen des Parasiten kann problemlos geholfen werden. Ich selbst habe nun schon Hunderte von Füchsen aufgenommen und bis heute noch keine Antikörper im Blut. Ansonsten gilt auch für den Fuchsbandwurm: Je weniger gejagt wird, desto schlechter die Chancen des Wurms, sich verbreiten zu können.

Schließlich ist auch die Räude unter den Füchsen weit verbreitet. Die unangenehmste auftretende Räude beim Fuchs ist die Sarcoptes-Räude, die durch die Räudemilbe Sarcoptes scabiei hervorgerufen wird. Diese Art der Räude ist beim Fuchs mit starkem Juckreiz verbunden, weil die Milben sichtbare Gänge in die Haut graben („Grabmilben“). Durch das ständige Kratzen kommt es zu offenen Wunden, die sich dann wieder entzünden können. Erkrankte Füchse halten sich gern in der Nähe von Siedlungen auf, wo sie leichter Nahrung finden. Diese Tiere sind abgemagert, ihr Fell ist sehr struppig, die Haut wird sichtbar. Die Tiere zeigen oft Verhaltensstörungen (kein Fluchtverhalten, auch Angriffe gegen Haustiere), ähnlich wie bei der Tollwut. Die Räude kann beim Kontakt mit befallenen Tieren auch auf Menschen übertragen werden. Beim Fuchs führt die Krankheit zum Tode. Beim Menschen sind die Milben nicht überlebensfähig, verursachen ohne Behandlung aber bis zu 14 Tage lang enormen Juckreiz. Ich erlebte bei sieben Füchsen diese Räude, allerdings mit einem zusätzlichen unbekannten fiebrigen Infekt. Dieser Infekt wurde zwei Mal mit Antibiotika behandelt, um das Fieber in den Griff zu bekommen. Während der dreiwöchigen Behandlung litten die Füchse unter enormem Flüssigkeitsverlust, den sie auszugleichen suchten, indem sie viel tranken. Die Grabmilben hatten zahlreiche blutige Einstiche auf der Haut verursacht, doch abgesehen davon bauten die Füchse insgesamt körperlich sehr stark ab. Sie nahmen zwar sehr viel Futter zu sich, vor allem Fleisch, setzten jedoch nichts an. Das struppig gewordene Fell fiel nach und nach aus, die Haut wurde schuppig, die Augen wirkten tief eingefallen. Was jedoch ausblieb, war der Juckreiz bei den Füchsen, sie kratzten sich nicht und hatten keine größeren blutigen Stellen am Körper. Auf Anraten der Tierärzte behandelte ich die Füchse gegen die Milben zweimal im Abstand von einer Woche zusätzlich mit ADVOKAT, um ihnen die tägliche orale Einnahme vom empfohlenen IVOMET und/ oder das mehrmalige Baden in ECTODEX zu ersparen. Dies wäre für die Tiere mit zuviel Stress verbunden gewesen. So wie das Fell ausging, bildete sich gleichzeitig wieder neues. Die Behandlung zeigte Wirkung und die Füchse erholten sich langsam.

Glossar

Alphatier In einer Sozialstruktur mit ausgeprägter Rangordnung gibt es meist ein besonders einflussreiches Tier, das die Gruppe führt.

Beutegreifer Raubtiere; Tiere, die andere Tiere (Beutetiere) jagen.

Befriedeter Bezirk Orte oder Gelände, wo nicht gejagt werden darf.

Domestikation Prozess der Züchtung und Zähmung von Wildtieren zu Haustieren.

Echinokokkose Bezeichnung der Infektionskrankheit, die durch den Parasiten Fuchsbandwurm („Echinococcus multilocularis") hervorgerufen wird.

Fähe Hier: weiblicher Fuchs.

Grabmilbe Milbengattung. Lebt in der Haut von Säugetieren. Verursacht bei Füchsen die Erkrankung „Räude".

Inkubationszeit Die Zeit, die zwischen der Infektion mit einem Krankheitserreger und dem Auftreten der ersten Symptome vergeht.

Jährling Welpe des vorangegangenen Wurfs.

Lemming Nagetierart. Das Verbreitungsgebiet der Tiere umfasst Nordeuropa, Nordamerika und Nordasien, also klimatisch recht kalte Zonen. Ihre Größe schwankt zwischen 7 und 15 Zentimetern.

Niederwild Das Wild, das früher im Gegensatz zum Hochwild – dieses stand nur dem Adel zur Verfügung – von anderen Personengruppen gejagt werden durfte: Fasane, Rebhühner, Hasen und Kaninchen.

Parasit Schmarotzer-Organismus, ernährt sich von seinem Wirt. Dieser wird dadurch oftmals geschwächt, aber nicht getötet.

Population Gesamtheit der Individuen einer Art in einem bestimmten Gebiet.

Quarantäne Räumliche Absonderung von Erkrankten beziehungsweise Infizierten von der Umgebung, um eine Ausbreitung von Infektionserregern zu verhindern.

Ranzzeit Phase, in der männliche und weibliche Füchse auf Partnersuche gehen und zu Paarungen bereit sind.

Räude Hautkrankheit, die durch verschiedene Milbenarten verursacht werden kann.

Reproduktionsfähigkeit Fähigkeit zur Fortpflanzung.

Schliefanlagen Anlagen, in denen Jagdhunde auf die Baujagd an Füchsen abgerichtet werden und in denen lebende Füchse als ständig Gejagte gehalten werden. Ein Maschendrahtzaun trennt Hund und Fuchs; die Füchse stehen unter permanentem Stress und sterben meist sehr früh an Herzinfarkten.

Survival of the fittest „Überleben des am besten Angepassten", von Charles Darwin entwickelte Theorie zum Prinzip der Evolution, wonach diejenigen Individuen, die sich am besten an ihre Umweltbedingungen anpassen können, am ehesten überleben und mit größerer Wahrscheinlichkeit ihre Gene an Nachkommen weitergeben werden. Fälschlicherweise lange Zeit mit „Das Überleben des Stärksten" übersetzt.

Tollwut Virusinfektion, die gleichermaßen bei Tieren wie bei Menschen lebensbedrohlich ist. Überträger kann unter anderem der Fuchs sein.

Tragzeit Entspricht dem Begriff der Schwangerschaft beim Menschen.

Welpe Im Zusammenhang dieses Buches: Fuchskind. Als Welpen werden zumeist die Jungen von Wolf, Hund und Fuchs bezeichnet, so lange sie noch gesäugt werden. Im weiteren Sinne wird so auch der Nachwuchs von Raubtieren so benannt.

Wurf Jungtiere einer Mehrlingsgeburt.

Bildnachweis

Manfred Bartels: S. 118
Robert Bauer: S. 97
Stefan Forster: S. 109
Sonja Graßmann: S. 101
Astrid Herzog: S. 114
Stefan Huwiler: S. 110-113
Sven Jansen: S. 92, 93, 96
Marko König: S. 77
Stephan Konken: S. 117
Gunther Kopp: S. 57
Artur Niestroj: S. 88
Christina Platzer: S. 116
Hartmann Jenal: alle übrigen Fotos

Dank

Für Hinweise, Informationen
und Unterstützung dankt der Autor:

Dag Frommhold www.fuechse.info

Tierärztin Sevgei Elif Istemi

Tierärztin Dr. med. vet. Sunayana Mitra

Dr. Kirsten Tackmann, Friedrich-Löffler-Institut
in Wusterhausen

Prof. Dr. H. Mehlhorn, Universität Düsseldorf

www.gollenstein.de

Textredaktion: Ulrike Paulmann
Buchgestaltung: Eugen Engels/Timo Pfeifer
Schrift: Minion
Papier: Claro Silk 150 g
Druck: Merziger Druckerei und Verlag
Bindung: Buchbinderei Schwind, Trier

Gedruckt mit freundlicher Unterstützung
der Saarland Sporttoto GmbH

Printed in Germany
ISBN 978-3-938823-45-3